DIE ROLLE DES GEISTES IN DER NACHRICHTENTECHNIK

Vortrag
von Prof. Dr. HANS PILOTY,
Rektor der Techn. Hochschule München,
anläßlich der Jahresfeier
am 3. Dezember 1948

19 49

LEIBNIZ VERLAG MÜNCHEN
BISHER R. OLDENBOURG VERLAG

MÜNCHNER HOCHSCHULSCHRIFTEN

4

Copyright 1949 by Leibniz Verlag (bisher R. Oldenbourg Verlag) München.
Satz und Druck: Werkdruckerei der Fränkischen Landeszeitung GmbH., Ansbach

Geist und moderne Technik

Die elektrische Nachrichtentechnik ist ein Teilgebiet der Elektrotechnik und damit einer unter vielen Zweigen der Technik. Der in ihr waltende Geist besitzt zwar, wie wir sehen werden, manche Eigentümlichkeiten, ist aber doch von derselben Art, wie der Geist, der andere Zweige der Technik beherrscht. Erlauben Sie mir daher zuerst einige Bemerkungen allgemeiner Art über den Standort der Technik vorauszuschicken. Sie werden wohl den Technikern unter Ihnen etwas trivial vorkommen, in höherem Grade noch sicherlich den Denkern, die sich mit dieser Frage schon eingehender, gar von Berufs wegen, befaßt haben. Trotzdem scheinen sie mir nötig in einer Zeit, in der die Technik nebst ihren Vertretern mit ungerechten Vorwürfen überhäuft wird.

Ein weitverbreitetes sprachliches Mißverständnis muß zuerst beseitigt werden; die Wörter Technik und Techniker schillern im heutigen Sprachgebrauch in verschiedenen Farben. Manche Werturteile basieren auf einer Verwechslung verschiedener Wortbedeutungen. Man nennt etwa einen Verwaltungsbeamten einen „Techniker" und meint damit, daß er zwar das Äußerliche seiner Amtsgeschäfte versteht, aber der Einsicht in die höheren Zusammenhänge ermangelt. Ähnliches meint man, wenn man einem Pianisten seine gute Technik bescheinigt: Die Fingerfertigkeit wird anerkannt, sonst nichts. Kurz, dem Wort Technik haftet ein Anklang von Äußerlichkeit, von etwas Mechanischem, Geistwidrigem oder gar Geistfeindlichem an.

Wir, die wir uns mit den technischen Wissenschaften befassen, benutzen das Wort Technik in einem ganz anderen Sinn: Für uns bedeutet etwa die Elektrotechnik den Inbegriff aller menschlichen Tätigkeiten, die etwas mit der Anwendung der Lehre von den elektrischen und magnetischen Erscheinungen auf das Leben der Menschen zu tun haben, der Elektrotechniker denjenigen, der die Lehre in diesem Sinne anwendet. Des so verstandenen Technikers Tätigkeit ist eine vorwiegend geistige, deren Art ich später versuchen werde, Ihnen — wieder am Beispiel der Elektrotechnik, — noch mehr im einzelnen am Beispiel der elektrischen Nachrichtentechnik — deutlicher zu machen. In diesem Sinne genommen, bedeutet aber das Wort

Technik keineswegs, wie so oft irrtümlich angenommen wird, etwas wie Funktionalismus, sondern nur eine besondere Art menschlicher Betätigung. Daß es in der Umgangssprache diese Färbung angenommen hat, impliziert einen Vorwurf, den der Techniker als ungerecht empfindet.

Ähnlich darf man die Technik auch nicht mit ihren Erzeugnissen verwechseln. Sie ist also nicht eine Anhäufung von Autos, Radioapparaten, Telephonen, Kraftwerken, Flugzeugen usw., sondern bedeutet die menschlichen Anstrengungen, aus welchen diese Dinge hervorgehen.

Manche Vertreter rein geistiger Berufe, wie z. B. einige Schriftsteller, Kulturphilosophen, Historiker und andere glauben, daß man den Begriff des Geistes mit dem der Technik nicht in Verbindung bringen dürfe, selbst wenn man Technik im soeben erläuterten Sinn versteht, ja sie sehen in einer solchen Verbindung eine Art von Blasphemie. Denn die Technik sei zweckgebunden, der Techniker sei ein mehr oder weniger charakterloser Diener der erstrebten Funktion, seine Denkweise nur quantitativ, descriptiv, aller höheren Werte bar. Die Erzeugnisse der Technik führten zu einer Verflachung des kulturellen Lebens und würden zumeist dazu mißbraucht, die Würde des Menschen zu zerstören. Was den Techniker und seine Denkweise betrifft, so möchte ich Sie bitten, Ihr Urteil wenigstens noch etwas zu verschieben. Zu den anderen Behauptungen aber kann ich gleich jetzt etwas sagen. Zunächst: Sie enthalten alle einen berechtigten Kern. Aber dieser muß auf das richtige Maß zurückgeführt werden, etwa durch Vergleich mit anderen Arten menschlicher Betätigung unter Anlegung desselben Maßstabes.

So ist es z. B. ohne Zweifel richtig, daß die Arbeit des Technikers zweckgebunden ist. Alle seine Bemühungen führen dazu, ein Gerät, eine Anlage, eine Maschine zu bauen, die einem bestimmten Zweck dient. Aber letzten Endes ist dieser Zweck doch meist darauf gerichtet, das Leben der Menschen zu erleichtern. Man denke sich etwa das heutige Leben mit der heutigen Bevölkerungsdichte ohne Verkehrsmittel wie Eisenbahn, Trambahn und Auto, ohne elektrisches Licht, ohne Telephon, um nur wenige Beispiele zu nennen. Man muß dann zugeben, daß die Technik ihren Zweck, das menschliche Leben zu erleichtern, nicht nur anstrebt, sondern häufig auch erreicht. Dies hat sie mit vielen anderen Betätigungen des Menschen gemeinsam, etwa mit den Anstrengungen der Juristen, Ordnung in die Beziehungen der Menschen untereinander zu bringen. Ja, selbst eine so rein geistig orientierte Wissenschaft wie die Historie ist nicht ganz zweckfrei, wenn man ihr unter anderem auch die Aufgabe zuweist, die Menschen dazu zu bringen, aus der Vergangenheit zu lernen, um die Zukunft besser zu gestalten. Freilich sind die Mittel, mit denen der Techniker arbeitet, materieller Art. Wenn man aber vom Zweck spricht, ist die Art der seinethalben angewendeten Mittel bedeutungslos. Es sieht daher so aus, als ob die Behauptung zu weit geht, eine Betätigung des Menschen sei geistfeindlich, nur weil sie auf einen Zweck ausgerichtet ist, den Zweck nämlich, das menschliche Leben zu erleichtern.

Gewiß, manche Techniker verlieren dies Ziel aus den Augen oder verkehren es gar in sein Gegenteil, wie die Erfinder von neuen Vernichtungswaffen oder von Gaskammern zur Tötung wehrloser Menschen. Sie machen sich damit mitschuldig am Mißbrauch der Technik zusammen mit ihren Auftraggebern, den schlechten Benutzern der Erzeugnisse der Technik. Ist dies aber charakteristisch für die Technik? Kommt das nur bei ihr vor? Mir scheint, nein. Auch mit der reinsten Verkörperung des Geistes und gerade mit dieser, dem gesprochenen, geschriebenen, gedruckten Wort ist Mißbrauch getrieben worden und wird es noch, ein schlimmerer vielleicht, als mit den Erzeugnissen der Technik, denn er schafft erst die geistigen Voraussetzungen für diesen. Wollte man aus der Tatsache, daß die Technik oft zum Bösen mißbraucht wird, folgern, daß diese geistfeindlich ist, so käme man zu der offenbar absurden Schlußfolgerung, daß der Geist selbst geistfeindlich ist.

Freilich verführt die Technik in gewisser Hinsicht zum Mißbrauch ihrer Erzeugnisse. Denn sie schafft Macht, ebenso wie auch das W o r t Macht schafft und Macht ist nach Jakob B u r c k h a r d t an sich böse. Deshalb kann man aber nicht die Technik überhaupt verdammen, ebensowenig, wie das Wort an sich. Es handelt sich hier eben um eine Erziehungsfrage: Der Techniker muß nicht notwendig ein charakterloser Opportunist sein, der jedem dient, der ihn bezahlt. Er kann es sein, aber er muß es ebensowenig sein, wie etwa der Naturwissenschaftler, der Jurist, Historiker, Journalist oder Schriftsteller. Im Wesen der Technik liegt kein Zwang zum Mißbrauch begründet. Je nach der Gesinnung des mit ihm in Berührung kommenden Menschen, die ihn trägt und die neben der Veranlagung von der Erziehung abhängt, wird er es sein oder nicht. Mißbrauch der Technik, genauer ihrer Erzeugnisse, wird nun nicht nur, ja nicht einmal vorwiegend, vom Techniker getrieben. Der Auftraggeber für die Gaskammern war uns schon ein Beispiel. Er war kein Techniker. Er fand nur, leider, solche zu willigen Dienern. Auch andere haben Mißbrauch zum Bösen angeregt oder getrieben, mit der Technik, mit der Sprache, mit fast allen Bereichen menschlicher Tätigkeit, ja sogar mit der Kunst. Kann man deshalb diese Dinge alle zusammen mit ihren Trägern, von denen einige mehr oder weniger willige Diener des Bösen waren oder noch sind, pauschal verdammen oder auch nur minderwertig schelten? Die Frage stellen, heißt sie verneinen. Dann darf man aber auch nicht irgendein Teilgebiet des Menschenlebens herausgreifen, personifizieren und seine Personifikation oder seine Akteure herabsetzen. Kurz, wir Techniker wollen nicht die Sündenböcke sein für alles Schlechte, was auf dieser Welt geschieht.

Mißbrauch kann nun auch von anderer Art als der Mißbrauch zum Bösen sein. Auch in dem Vorwurf, daß die Technik zur Verflachung des kulturellen Lebens geführt hat, d. h., daß ihre Erzeugnisse leicht in einem kulturwidrigen Sinn benutzt werden, steckt ein wahrer Kern. Denken Sie an das in manchen Wohnungen den ganzen Tag über als Geräuschkulisse laufende Radio. Denken Sie an die an einem Tag über Hunderte von Kilometern führenden sogenannten Erholungsfahrten im Auto, bei denen die im Übermaß empfangenen Eindrücke gar nicht verarbeitet werden können. Aber m u ß man ein Radio oder ein Auto in dieser Weise benutzen? Liegt das im Wesen dieser technischen Erzeugnisse begründet? Ich glaube, viele unter Ihnen werden diese Frage mit mir aus eigener Erfahrung verneinen. Man kann am Radio auch schöne Stunden wahrer Erhebung erleben, kann ein Auto auch zur Erleichterung der Mühsal des Lebens benutzen. Wieder haben wir es offenbar mit einer Frage der Erziehung zu tun, diesmal aber nicht der Techniker, sondern der Benutzer technischer Erzeugnisse.

Das Wesen der Sache scheint mir zu sein, daß, solange dem technischen Fortschritt kein durch Erziehung zu bewirkender geistiger und moralischer Fortschritt enspricht, die Schere des Mißbrauchs klafft. Sie zu schließen, ist ein gemeinsames Anliegen aller, die irgendwie erzieherisch tätig sind, der Kirchen, Schulen und aller Mittel zur Beeinflussung der öffentlichen Meinung. Die Technik allein kann freilich die bestehende Diskrepanz zwischen Technik und Kultur nicht beseitigen.

Entwicklung der elektrischen Nachrichtentechnik

Wenn wir nun dem ordnenden oder führenden Geist in einem Gebiet der Technik nachspüren wollen, so ist es unerläßlich, das geschichtliche Werden des jetzigen Standes wenigstens in groben Zügen zu verfolgen.

Die Elektrotechnik, von der die Nachrichtentechnik ein Teilgebiet ist, ist die jüngste aller technischen Disziplinen. Wie jung sie ist, wird deutlich, wenn man bedenkt, daß die wichtigsten ihrer physikalischen Grundlagen aus dem Ende des 18. Jahrhunderts und dem ersten Drittel des 19. Jahrhunderts stammen und daß die erste Anwendung elektrischer Erscheinungen — der elektromagnetische Telegraph von Gauß und Weber — aus dem Jahre 1833 stammt. Die Elektrotechnik ist demnach etwas über 100 Jahre alt. Man vergleiche damit etwa das ehrwürdige, bis an die Anfänge der geschichtlichen Kultur zurückreichende Alter der Maschinentechnik und der Bautechnik. Fahrzeuge mit Rädern etwa, Bauwerke aller Art gibt es solange wie die Überlieferung zurückreicht.

Andererseits hat sich die elektrische Nachrichtentechnik seit ihrer Geburt am Ende des ersten Drittels des vorigen Jahrhunderts mit großer Geschwindigkeit entwickelt. Mit einer Geschwindigkeit, die in den letzten 30 Jahren im Vergleich mit der Anfangszeit eher noch zugenommen hat. Sie ist heute nach der Vielfalt sowohl ihrer Denk- und Arbeitsmethoden wie auch ihrer Erzeugnisse ein ungeheuer verwickeltes Gebiet geworden, das sich außerdem in raschem Tempo immer noch weiterentwickelt und noch nicht im entferntesten die vergleichsweise Stabilität anderer technischer Disziplinen erreicht hat. Jeder technische Fortschritt ist an die Aktivität des Menschengeistes geknüpft. Je rascher die Entwicklung vorwärtsschreitet, desto stärker sind die die Entwicklung bewegenden geistigen Impulse. Das stürmische Entwicklungstempo der elektrischen Nachrichtentechnik erklärt daher, warum in ihr das Walten des Geistes besonders klar erkennbar ist. Von welcher Natur es ist, hoffe ich Ihnen wenigstens in groben Zügen zeigen zu können.

Die Geschichte der elektrischen Nachrichtentechnik kann man zwanglos in einige wenige Hauptperioden unterteilen. D e r   e r s t e   A b s c h n i t t umfaßt rund 40 Jahre und reicht bis zur Erfindung des Telephons durch Graham Bell im Jahre 1876. Es ist das Zeitalter der Telegraphie. Erfinder im alten klassischen Sinne des Wortes und wagemutige Unternehmer beherrschen das Bild. Die e r s t e r e n , wie S. F. Morse, D. E. Hughes, Baudot, W. Siemens und andere beschäftigen sich hauptsächlich damit, die Telegraphenapparate-Sender, die Buchstaben in Stromstöße, Empfänger, die Stromstöße in Buchstaben verwandeln — hinsichtlich Schnelligkeit, Betriebssicherheit und Einfachheit der Handhabung zu verbessern. Die l e t z t e r e n bemühten sich erfolgreich, die Kontinente mit Telegraphenlinien, in unserer heutigen Sprache: mit Freileitungen zu überziehen und die Kontinente durch Ozeankabel miteinander zu verbinden. Am Ende dieser Periode besaß Deutschland etwa ein Leitungsnetz von 170 000 km Länge, über welches (1875) 14 Millionen Telegramme im Jahr befördert wurden. Ozeankabel verbanden die größeren Kontinente. Zu dieser Zeit gab es weder das Telephon noch das elektrische Licht.

Der oft bewundernswerte Scharfsinn der Erfinder war verwandt mit der Denkweise etwa des heutigen Bastlers, nur auf einem noch größeren unbearbeiteten Tätigkeitsfeld. Darin darf man keine Herabsetzung erblicken. Das wäre auch wenig angebracht angesichts des Umstandes, daß einige der originellsten Erfindungen dieser Zeit, wie die Telegraphenapparate von Morse, Hughes und Baudot sich bis in die neueste Zeit hinein bewährt haben. Sie ist nur von der heute vorherrschenden Denkweise, der systematischen Anwendung der Naturgesetze auf technische Probleme, verschieden. Hiervon war damals noch zu wenig zu spüren.

Eine Ausnahme allerdings sticht deshalb umso stärker hervor: Die Theorie der Ozeankabel, die 1866 von W. Thompson aufgestellt worden ist. Sie ist wohl das erste Auftreten modernen Denkens in der Elektrotechnik, indem sie eine für die praktische Technik entscheidende Frage unter systematischer Anwendung der Naturgesetze beantwortet, nämlich die Frage, wie ein langes Kabel grundsätzlich gebaut werden muß, damit mit einer gewünschten Geschwindigkeit telegraphiert werden kann. Lange Kabel zeigen nämlich die unangenehme Eigenschaft, die Telegraphiezeichen abzuschleifen, so daß sie bis zur Unkenntlichkeit verzerrt werden, wenn man zu schnell telegraphiert. W. Thompson zeigte, wie diese Eigenschaft mit den Bemessungsdaten des Kabels zusammenhängt und gab damit eine Regel, wie diese zu wählen sind, wenn eine bestimmte höchste Telegraphiergeschwindigkeit verlangt wird. Ohne Kenntnis dieser Regel wäre es unmöglich gewesen, transkontinentale Ozeankabel zu bauen. Andererseits ist die Leistung Thompsons auch vom Standpunkt der reinen Erkenntnis von großer Bedeutung, weil sie nebenbei einen genauen Einblick in komplizierte physikalische Vorgänge gewährte und so auch unsere physikalischen Kenntnisse erweiterte. Es kommt offenbar nicht so sehr darauf an, ob das Objekt der Untersuchung von der Natur oder von Menschenhand geschaffen ist. Die an ihm gewonnene Erkenntnis kann in beiden Fällen den Geist bereichern. Dies sind aber die typischen Wesenszüge in der Denkweise des modernen wissenschaftlich arbeitenden Ingenieurs: Die systematische und quantitative Anwendung von Naturgesetzen auf die Lösung technischer Probleme und umgekehrt, eine Bereicherung unseres Geistes auch ohne Rücksicht auf das technische Ergebnis. Wir werden dieser Denkweise in immer steigendem Maße begegnen.

Ein z w e i t e r A b s c h n i t t in der Geschichte der Nachrichtentechnik läßt sich zwanglos durch zwei besonders wichtige Marksteine begrenzen: Von der Erfindung des Telephons (1876) bis zur Erfindung der Elektronenröhre (1914). Auch er ist ungefähr 40 Jahre lang. Seine Hauptmerkmale sind die erste stürmische Entwicklung der Telephonie von den ersten Anfängen bis zur Beherrschung des Weitverkehrs über Kabel einiger 100 km Länge, die Lösung der schwierigen Aufgabe, unter oft Tausenden von Fernsprechteilnehmern rasch und sicher Verbindung herzustellen, was die sogenannte Vermittlungstechnik leistet, und schließlich die Anfänge der Nachrichtenübermittlung mittels frei durch den Raum gestrahlter elektrischer Wellen.

Die im vorigen Abschnitt entwickelte Technik der Telegraphie trat mehr und mehr in den Hintergrund. Sie bemühte sich durch höhere Telegraphiergeschwindigkeit die Leitungen besser auszunützen und so gegenüber der Telephonie wettbewerbsfähig zu bleiben.

In der Telephonie begann die Entwicklung mit Mikrophon und Telephon, die fast gleichzeitig von D. E. Hughes und Graham Bell erfunden worden sind und bis auf den heutigen Tag, wenn auch in verbesserter Form, erhalten geblieben sind. Sie sind das Äquivalent zu den Endapparaten der

Telegraphie. Jedoch lag das Schwergewicht der Entwicklung nicht bei diesen, sondern bei der Verbesserung der Übertragungseigenschaften der Leitungen, die deshalb zunächst genauer, in quantitativer Weise studiert werden mußten. Aus diesem Studium erwuchs ein ganz entscheidender Fortschritt, geistig verwandt zu dem durch W. Thompson erzielten: Die von Pupin (1900) gewonnene Erkenntnis, daß die Übertragungseigenschaften unterirdisch verlegter Leitungen, der Kabel, durch Einfügen von sogenannten Drosselspulen — auf Eisenkerne gewickelten Kupferdrahtspulen — wesentlich verbessert werden können. Hierdurch wurde es möglich, die gegenüber den Freileitungen weniger störungsanfälligen Kabel nicht nur auf kurzen Strecken, etwa im Inneren von Großstädten, sondern auch zur Überbrückung größerer Entfernungen — bis zu einigen 100 km — zu verwenden. Außerdem ergab sich als geistiger Gewinn die Kenntnis der sich in solchen ungleichmäßigen, abwechselnd aus Kabelabschnitten und Pupinspulen bestehenden Leitungen abspielenden Vorgänge.

Die Vermittlungstechnik rechnete man damals zur Telephonie und tut dies teilweise auch heute noch, weil sie damals ausschließlich, heute noch vorwiegend, zur Verbindung von Fernsprechteilnehmern eingesetzt wird. Aber dies hat eigentlich mit ihrem Wesen nichts zu tun. Es ist für sie ganz gleichgültig, ob man Fernsprechteilnehmer oder Telegraphenapparate, oder sonst irgendwelche Nachrichten-Sender und Empfänger paarweise auswählt und miteinander in Verbindung bringt. Ihre überragende praktische Bedeutung für die Telephonie beruht einfach darauf, daß es mehr Fernsprechteilnehmer gibt, als durch Drahtleitungen zu verbindende Teilnehmer an anderen Nachrichtenarten. Von unserem, mehr nach dem waltenden Geist fragenden Standpunkt aus ist die Vermittlungstechnik ein durchaus selbständiges Teilgebiet der Nachrichtentechnik.

Der ständig wachsende Telephon-Verkehr in den Großstädten zwang bald dazu, die zuerst von Menschenhand geleistete Vermittlungstätigkeit selbsttätig arbeitenden Einrichtungen zu übertragen, die rasch immer verwickelter wurden und dem menschlichen Geiste ein sehr eigentümliches Betätigungsfeld eröffneten. Es handelt sich hier fast um eine Art angewandter Logik. In der Tat ähneln die Verrichtungen einer arbeitenden Selbstwähl-Anlage am ehesten dem Ablauf zahlreicher Ketten von logischen Schlüssen, die Anlage selbst dem Zentralnervensystem eines denkenden Wesens. So hat z. B. auch der planende Ingenieur syllogismenartige Abläufe etwa der Art zu entwerfen, kettenartig miteinander zu verbinden und schließlich durch passende konkrete Bauteile zu realisieren: „Wenn a) und gleichzeitig b) zutrifft, so hat c) zu geschehen, es sei denn, daß d) zutreffen sollte." Weiterhin hat er sich mit Fragen zu befassen, wieviele Nervenbündel zwischen bei sich beeinflussenden Organen vorhanden sein müssen, wenn mit einem gegebenen Verkehr von Syllogismenketten gerechnet werden muß.

Man sieht, daß Betrachtungen dieser Art auch als rein geistige Betätigung nicht ohne Reiz sein können.

In der Telegraphentechnik kam man während dieses Zeitabschnittes zu immer höheren Geschwindigkeiten und demgemäß komplizierten und schwierig betriebsbereit zu haltenden Apparaten. Mit Morsezeichen von Hand kann ein guter Telegraphist etwa 120 Buchstaben in der Minute senden, der Siemens-Schnelltelegraph dieser Zeit konnte bis zu 200 Buchstaben in der Minute senden und empfangen. Es liegt auf der Hand, daß solche Geräte nicht einfach sein können. Trotzdem ging die Bedeutung des Telegraphierens zurück. Von 1875 bis 1913 erhöhte sich die Zahl der in Deutschland jährlich aufgegebenen Telegramme von 14 Millionen auf 64 Millionen, die Zahl der jährlichen Telephongespräche dagegen von 0 auf 2¹/₂ Milliarden. Das Telephongespräch war eben bequemer.

Das technische Gebiet, welches sich mit der Übertragung von Nachrichten mittels frei durch den Raum gestrahlter elektromagnetischer Wellen befaßt, entstand etwa um die Jahrhundertwende und wird oft F u n k - t e c h n i k genannt, weil damals beim Erzeugen der nötigen hochfrequenten Schwingungen Funken eine wesentliche Rolle spielten. Heute sind Funken durchaus verpönt, aber der alte Name ist geblieben. Die physikalische Grundlage der Funktechnik geht auf die berühmten Versuche von H. Hertz aus den 80er Jahren zurück, dem es als ersten gelang, die von J. C. Maxwell vorausgesagten elektromagnetischen Wellen experimentell nachzuweisen. Technisch erzeugte man die erforderlichen hochfrequenten Ströme auf der Sendeseite durch Funkenentladungen, durch Lichtbögen oder durch rotierende Maschinen mit zusätzlichen Einrichtungen zur Vervielfachung der Frequenz. Auf der Empfangsseite standen nur primitive Hilfsmittel zur Rückgewinnung der Nachricht aus den hochfrequenten Signalen zur Verfügung. Sendeantennen strahlten diese Signale in den Raum, Empfangsantennen führten sie den Empfangsapparaten zu. Mit den genannten Hilfsmitteln konnte man nur Telegraphiezeichen übertragen. Angewendet wurde diese Technik in der Hauptsache für den Telegraphieverkehr von und zu fahrenden Schiffen oder zwischen diesen. Geistig war die Funktechnik dieser Zeit eine Art angewandte Experimentalphysik, in welcher die grundlegenden physikalischen Erkenntnisse als heuristisches Prinzip benutzt und die so ersonnenen Geräte experimentell ausprobiert, nach einer Erklärung der auftretenden Mängel gesucht und, wenn diese gefunden waren, die Geräte entsprechend verbessert wurden.

Im Ganzen betrachtet, ist der zweite Hauptabschnitt der Nachrichtentechnik gekennzeichnet durch das zunehmende Eindringen systematischer, quantitativer wissenschaftlicher Methoden in die Arbeit des Ingenieurs, vorerst aber noch zögernd und auf den einzelnen Teilgebieten in verschieden starkem Maße.

Der letzte, noch heute andauernde große Abschnitt in der Entwicklung der Nachrichtentechnik wurde eingeleitet durch die Erfindung der E l e k - t r o n e n r ö h r e durch de Forest, Langmuir und Schottky. Sie hat u. a. das Weitfernsprechen über beliebige Entfernungen, die Übertragung von Sprache und Musik durch Strahlung, insbesondere den Rundfunk, ferner das Fernsehen und die Ausnützung sehr kurzer Wellen mit scheinwerfer- artig scharf gebündelter Strahlung möglich gemacht. Es ist aber unmög- lich, im Rahmen eines kurzen Vortrags klar zu machen, welche Revolution hierdurch in der gesamten Nachrichtentechnik verursacht worden ist. Des- halb verlasse ich nun die historische Darstellung und werde zuerst den heutigen Stand der Nachrichtentechnik in ganz groben Umrissen zeich- nen, um dann zu versuchen, die ihr zugrundeliegenden wichtigsten Denk- weisen ohne jeden Anspruch auf Vollständigkeit hervortreten zu lassen. Das große Gebiet der Vermittlungstechnik lasse ich dabei beiseite, nicht, weil es etwa unwichtig wäre. Im Gegenteil, es erfährt gerade gegenwär- tig einen neuen Aufschwung durch Einbeziehung immer größerer Teile des Fernverkehrs in den Selbstwählbetrieb. Aber seine geistigen Grundlagen, die zugrundeliegenden Denkweisen sind im wesentlichen dieselben geblieben, wenn auch in ständiger Verfeinerung. Den übrigen Teil der Nachrichten- technik kann man einteilen nach der Art der zu übertragenden Nachrichten und nach der Natur der benutzten Übertragungswege.

Es ist merkwürdig, daß man die verschiedenen N a c h r i c h t e n - a r t e n , die doch etwas Abstraktes, Geistiges darstellen, in eine Art natür- liche Rangordnung bringen kann. Jede Nachricht im Sinn der Nachrichten- technik, etwa Telegraphierzeichen oder Sprache ist ein zeitlich veränder- licher Vorgang, den man etwa dadurch sichtbar machen kann, daß man ihn in einen veränderlichen elektrischen Strom abbildet und diesen in seinem zeitlichen Verlauf registriert. Einen solchen veränderlichen Strom kann man nach Fourier auffassen als die Überlagerung vieler kleiner Wechselströme von verschiedener Frequenz und verschiedener Stärke. So kann man etwa Fernsprechströme auffassen als die Summe sehr vieler kleiner Wechsel- ströme mit allen Frequenzen zwischen ungefähr 300 und 3000 Hz (1 Hz = 1 Hertz = 1 Schwingung pro Stunde). Trägt man die Stärke der Teilströme abhängig von der Frequenz auf, so erhält man das so- genannte Spektrum, das angibt, wie stark Ströme der in ihm enthaltenen Frequenzen am Aufbau der ganzen Nachricht beteiligt sind. Jede echte Nachricht besitzt nun ein Spektrum endlicher Breite. Ein reiner Ton z. B. der von Anfang an war und nie aufhört, hat nur eine einzige Linie zum Spektrum, dessen Breite also Null ist. Er überträgt auch keine wie immer geartete Nachricht. Ferner hat man gute Gründe dafür, die Breite des

Spektrums, die sogenannte Bandbreite, als ein Maß für den Nachrichtenfluß, d. h. die pro Zeiteinheit übertragene Nachrichtenmenge anzusehen.
Andererseits wachsen erfahrungsgemäß die Ansprüche an den Übertra-
gungsweg mit der Bandbreite. Man kann so die Nachrichtenarten nach der
Größe des Nachrichtenflusses und damit nach ihren an den Übertragungs-
weg gestellten Anforderungen ordnen. Beispielsweise hat man folgende
Zahlen:

	Bandbreite
Telegraphie mit moderner Fernschreibmaschine Geschwindigkeit 420 Buchstaben/min	etwa 40 Hz
Sprache	„ 2700 Hz
Musik, Rundfunkqualität	„ 5000—9000 Hz
Fernsehen, 25 Bilder pro sec. mit je 250 000 Bildpunkten je Bild	„ 3 Mill. Hz.

Man sieht, daß der Nachrichtenfluß dieser wichtigsten Nachrichtenarten
von ganz verschiedener Größenordnung ist. Das macht es auch plausibel,
daß die Einrichtungen, die zu ihrer Übertragung dienen, so verschieden
ausfallen. Gute Musikübertragung oder gar Fernsehen war in der alten,
mehr qualitativ arbeitenden Technik unmöglich. Im übrigen bestimmt die
Nachrichtenart hauptsächlich die Endgeräte, z. B. die Telegraphenapparate,
Mikrophon und Telephon beim Fernsprechen, Mikrophon und Lautspre-
cher bei der Musikübertragung, Fernseh-Sender und -Empfänger beim
Fernsehen. Ihr Einfluß auf das Übertragungsmittel beschränkt sich darauf,
daß das benötigte Frequenzband hinreichend gut, d. h. verzerrungsfrei
übertragen wird. Man kann fast sagen, daß in der Nachrichtentechnik der
Nachrichtenfluß gemessen in Hz Bandbreite etwa diejenige Rolle spielt, die
in der Starkstromtechnik die Leistung, gemessen in Watt oder kW spielt.
Beide Werte entscheiden auf ihrem Gebiet über Kompliziertheit und Größe
derjenigen Anlageteile, welche sie bewältigen müssen.

An Übertragungsmitteln stehen einerseits Drahtleitungen in
der Form von Freileitungen und Kabeln, andererseits der freie, durch
Strahlung zu überbrückende Raum zur Verfügung. Es ist nun mit den
heute zur Verfügung stehenden Mitteln möglich, jedes Nachrichtenband
beim Sender unter Erhaltung der Bandbreite in eine höhere Frequenzlage
zu versetzen, wenn die Übertragung dies wünschenswert erscheinen läßt,
und es beim Empfänger wieder in die ursprüngliche Lage zurückzuver-
setzen. Überträgt man durch Strahlung, so muß dies geschehen, da man
die niedrigen Frequenzen der Telegraphie und Telephonie nicht ausstrah-
len kann. Bei Übertragung durch Draht ist dies nicht nötig, aber möglich.
Deshalb ist es üblich geworden, jedes auf einem Übertragungsmittel zur
Verfügung stehende Frequenzband einen Übertragungskanal zu nennen.
So ist z. B. das Frequenzband von 300—3000 Hz, oder das von 4300 bis

7000 Hz auf einer Drahtleitung ein Telephoniekanal. Auch die im Rundfunk benützten Trägerfrequenzen, auf die man beim Bedienen des Geräts einstellt, sind mit den Nachbarfrequenzen solche, und zwar für Musikübertragung geeignete, Übertragungskanäle. Eine Leitung ist erst dann als ausgenützt anzusehen, wenn das Frequenzband, welches sie übertragen kann, auch voll in Anspruch genommen wird. Gewöhnliche Telegraphie nützt demnach einen Telephoniekanal wegen der geringen Bandbreite nicht aus. Deshalb überträgt man heute über einen langen kostspieligen Fernsprechkanal mehrere — 12 und mehr — Telegramme gleichzeitig, indem man die Telegraphiebänder nebeneinander aufreiht, bis sie zusammen ein Sprachband annähernd ausfüllen. Auf der Empfangsseite kann man die so entstehenden Telegraphiekanäle voneinander trennen und gesonderten Empfängern zuführen, in welchen sie wieder in die ursprüngliche niederfrequente Lage zurückversetzt werden. Es gibt auch Leitungen, oder Strahlungskanäle, die durch ein Telephonieband noch nicht voll ausgenützt sind. Man reiht dann analog mehrere Telephoniekanäle, von denen jeder durch eine Gruppe von Telegraphiekanälen ersetzt werden kann, frequenzmäßig aneinander, bis das ganze zur Verfügung stehende Frequenzband ausgenützt ist. Die zugehörige Technik heißt T r ä g e r s t r o m t e c h n i k. Sie ist erst durch die Elektronenröhre möglich geworden. Mit ihr können die größten vorkommenden Entfernungen wirtschaftlich mit Kabeln überbrückt werden, die großen auf modernen Kurzwellen-Verbindungen zur Verfügung stehenden Bandbreiten wirtschaftlich ausgenutzt werden. Durch Ausnutzung des Frequenzbandes bis etwa 150 000 Hz, auf Spezialkabeln sogar bis 1 000 000 Hz = 1 M Hz hat man heute Leistungen zur Verfügung, die zahlreiche Gespräche oder Telegramme gleichzeitig übertragen können.

Auch in der F u n k t e c h n i k hat man immer höhere Frequenzen, oder was dasselbe heißt, kürzere Wellen zu benutzen gelernt. Von besonderer Bedeutung sind hierbei die Ausbreitungsverhältnisse der elektromagnetischen Wellen, die je nach der Wellenlänge stark verschieden sind und teilweise auch großen zeitlichen Schwankungen unterworfen sind. Die sogenannten Lang- und Mittelwellen, Frequenzbereich etwa 150 000 Hz bis 3 M Hz, geben Reichweiten von einigen 100 km und unterliegen zeitlichen Schwankungen bei der Ausbreitung, besonders zwischen Tag und Nacht. Die, ebenso wie die Lang- und Mittelwellen, im Rundfunk verwendeten Kurzwellen, Frequenzbereich etwa 3 bis 30 M Hz, ergeben viel größere Reichweiten, unterliegen aber noch stärkeren zeitlichen Schwankungen. Sie können schon mit einfachen Mitteln etwas gebündelt werden. Die daran anschließenden sogenanten Ultrakurzwellen, Frequenzbereich etwa 30 bis 10 000 M Hz, haben schon nahezu optische Eigenschaften, folgen z. B. nicht der Krümmung der Erde, haben also nur kurze Reichweiten, können aber dafür sehr scharf, wie Scheinwerferlicht, gebündelt werden und benötigen nur kleine Sender und Antennen. Mit Hilfe von Zwischenstationen, auf denen die Signale des vorhergehenden Senders empfangen, daraus die Nachricht gewonnen und wieder einem neuen Sender zugeführt wird, kann mán auch hier große Entfernungen überbrücken. Die, sozusagen meteorologischen, im Aufbau der oberen Schichten der Gashülle unserer Erde begründeten Unterschiede im Ausbreitungsverhalten elektromagnetischer Wellen verschiedener Wellenlängen bestimmen maßgebend ihre technische Verwendung. Außerdem wird ersichtlich, daß die Übertragungseinrichtungen selbst sehr stark von den Eigenschaften der benutzten Kanäle abhängen. Vielleicht macht die Ihnen eben gegebene Übersicht verständlich, daß und warum die moderne Nachrichtentechnik zu einer unauflöslichen Einheit verschmolzen ist. Die klassische Einteilung in Telegraphie, Telephonie und Funktechnik hat völlig ihren Sinn verloren. An ihre Stelle ist neben der Vermittlungstechnik die Technik der Signalgeber und -Empfänger einerseits, die Technik der Übertragungsmittel andererseits getreten. Zu den ersteren gehören außer Telephon, Mikrophon nebst Zubehör, Fernschreibmaschinen, Ozeankabeltelegraphen auch die Fernsehgeräte, die Bildtelegraphengeräte, das elektrische Grammophon, zu den letzteren Leitungen, Verstärker, Hochfrequenzsender und -Empfänger, Antennen und anderes.

Die geistige Situation in der heutigen Nachrichtentechnik

Vielleicht hat das vorhergehende al fresco Gemälde der Entwicklung und des Standes der elektrischen Nachrichtentechnik in Ihnen eine Vorstellung von der ungeheuren Weitläufigkeit dieser Technik, wie sie heute ist, erweckt, so daß Ihnen plausibel erscheint, daß dem auch eine entsprechende Mannigfaltigkeit der bewegenden geistigen Kräfte gegenüber steht. Diese sind heute nicht mehr, wie einst, Genieblitze phantasievoller Erfinder, sondern die Ergebnisse systematischer, quantitativer wissenschaftlicher Arbeit. Selbst ein die Technik revolutionierendes neues Grundelement, wie die Elektronenröhre, ist auf solche Weise entstanden und in seine vielfältigen heutigen Formen gebracht worden. Und auch, wenn nichts so grundsätzlich Neues in absehbarer Zukunft in Erscheinung treten sollte, so können mit den jetzigen Hilfsmitteln, Denkmethoden und Erfahrungen, wenn auch in verfeinerter Form, praktisch alle heute ersinnbaren Aufgaben der Technik gelöst werden. Wer aber über diese Hilfsmittel, Denkmethoden und Erfahrungen nicht verfügt, kann kaum hoffen, zum Stand der Technik etwas Wesentliches beizutragen.

Die systematische, quantitative Arbeit des heutigen Nachrichtentechnikers steht in enger Wechselbeziehung zur Physik und zur Mathematik im Sinne von Empfangen und Geben. Es bedarf schon nach dem im historischen Ueberblick Gesagten keiner großen Erklärung mehr, warum der Nachrichtentechniker auf mathematische und physikalische Methoden und Ergebnisse zurückgreifen muß. Er tut dies in der Tat in immer noch steigendem Ausmaß. Er darf, aber auch mit Befriedigung feststellen, daß er auch umgekehrt wertvolle Beiträge an Mathematik und Physik geleistet hat und so auch die reine Erkenntnis um der Erkenntnis willen gefördert hat. Manche mathematische Fragestellung aus der Funktionentheorie und der mathematischen Analyse, ja auch Lösungen von Problemen stammen von technischer Seite. Auch die Physik verdankt der Nachrichtentechnik manches, so etwa eine große Zahl von Meßgeräten und Meßverfahren, die in der Technik entwickelt worden sind und dann dazu beigetragen haben, physikalische Probleme, die sonst unlösbar gewesen wären, zu lösen. Außerdem ging Technik und Physik oft so nahe beieinander liegende Wege, daß es manchmal schwer ist, zu entscheiden, wo das Ergebnis einzureihen ist. Häufig ist die Forschungsrichtung der Physik durch die Ergebnisse der Technik beeinflußt worden.

Darüber hinaus gibt es in der Technik eine ihr eigentümliche Art von Problemen, die auch vom Standpunkt der reinen Erkenntnis aus erwähnenswert ist: Sie führen auf die „synthetische" im Gegensatz zur „analytischen" Methode. Ein paar Worte mögen dies erläutern: der Physiker hat es mit Gebilden der Natur oder Nachahmungen von solchen zu tun und untersucht ihr Verhalten z. B. die elektrische Leitfähigkeit von Metallen oder Gasen, die Anziehungskräfte zwischen Magneten, die Ausbreitungsgesetze elektromagnetischer Wellen im leeren Raum oder in unserer Atmosphäre, oder auch längs Drähten oder im Inneren von Metallröhren. Dies alles interessiert den Techniker ebenfalls sehr. Er braucht die Ergebnisse für seine gestaltende Arbeit. Es sind, wie ich es nennen möchte, Ergebnisse der Analyse, weil die untersuchten Gebilde gegeben und ihr Verhalten analysiert wird.

Aber meist ist die dem Techniker gestellte Aufgabe von umgekehrter Art. Er will etwas bauen, was bestimmte vorgeschriebene Eigenschaften hat, z. B. ein Zahnradgetriebe, das eine gegebene Leistung bei gegebenen Drehzahlen übertragen kann und dabei eine gegebene Anzahl von Jahren gebrauchsfähig bleibt. Wenn man aus den gegebenen Daten unmittelbar das Getriebe, Abmessungen, Formgebung, Werkstoff, Schmiermittel, usw. finden könnte, hätte man es, wie ich sagen will, synthetisch gefunden. Leider ist dies Verfahren in reiner Form meist ungangbar. Handelt es sich um neuartige technische Gebilde, über die keine Erfahrungen vorliegen, so muß man sie oft zunächst versuchsweise bauen, analysieren und je nach dem Befund abändern, solange bis die gewünschten Eigenschaften erreicht sind. Die so gewonnenen Erfahrungen kann man das nächstemal verwerten, wenn ein ähnliches Gebilde gebaut werden soll. Auf diese Weise sind viele, namentlich größere, technische Gebilde im Lauf der Zeit entstanden, Schiffe, Flugzeuge, große elektrische Maschinen und ähnliches. Wenn also die dem Techniker gestellte Aufgabe an sich nach einer synthetischen Lösung verlangt, so muß doch sehr häufig ein Verfahren beschritten werden, welches zum mindesten einige analytische Bestandteile enthält: ein synthetisch gefundener Entwurf muß meist nachträglich wiederum analysiert und dann gegebenenfalls abgeändert werden. So kommen in der Technik alle Arten von Mischungen aus analytischen und synthetischen Verfahren vor.

In der elektrischen Nachrichtentechnik gibt es nun, wegen der strengen Gültigkeit der einschlägigen Naturgesetze, manche technische Gebilde, die einer echten Synthese, d. h. einer Vorausberechnung ihrer Baudaten aus vorgeschriebenen Eigenschaften, ohne irgendwelche Benützung von Erfahrungswerten fähig sind. Das bekannteste Beispiel sind die sogenannten Wellenfilter, d. h. künstliche, oft sehr komplizierte aufgebaute Schaltungen mit einem Eingang und einem Ausgang, welche die Eigenschaft haben, zwischen Eingang und Ausgang Ströme verschiedener Frequenzen verschieden gut zu übertragen, ähnlich wie ein optisches Filter Licht verschiedener Farben, d. h. verschiedener Schwingungsfrequenz, verschieden gut durchläßt. Man kann nun die Durchlaßkurve willkürlich vorschreiben und aus ihr eine Schaltung auf rein theoretischem Wege synthetisch finden, welche die gegebene Durchlaßkurve mit vorgeschriebener Genauigkeit wirklich besitzt. Diese Wellenfilter spielen in der Nachrichtentechnik eine große Rolle. Sie sind keineswegs die einzigen synthetisch herstellbaren Gebilde, sind aber gute Beispiele für das zugrunde liegende Denkprinzip.

Es ist also das Denken des Nachrichtentechnikers ebenso wie das eines jeden anderen Ingenieurs zwar zweckgebunden, führt aber häufig auch in Bahnen, die zu beschreiten auch vom Standpunkt des reinen Denkens lohnen würde. Eines aber glaube ich am Beispiel des Nachrichtentechnikers nachgewiesen zu haben: Über die Auswirkungen der Erzeugnisse der Technik auf die Menschheit kann und möge jeder Gebildete sein Urteil fällen, zu einem Urteil über die geistige Haltung der Techniker jedoch gehört ein gewisses Maß von Sachkenntnis. Wir bitten unsere Kritiker, die über diese Sachkenntnis nicht in ausreichendem Maß verfügen, mit ihrem Urteil dementsprechend zurückhaltend zu sein. Wohl die meisten von uns leisten unsere Arbeit in vollem Bewußtsein dessen, was wir n i c h t können und glauben an die Wahrheit eines schönen, sokratisch klingenden Wortes des zeitgenössischen englischen Lyrikers Th. Eliot:

„The only wisdom we can hop`to acquire
Is the wisdom of humility."